Annette Kunkel

FALTEN FÄRBEN FASZINATION

Effektvolles Shibori leichtgemacht

frechverlag

INHALTSVERZEICHNIS

Allgemeiner Anleitungsteil Seite
Materialien und Werkzeug 4
So benutzen Sie dieses Buch 5
Falt- und Knotanleitungen 6
Anleitung zum Färben 11
Fixieren 13

Tücher
Grundform Kreis 14
Kreis von innen nach außen gedreht 16
Vier Kreise 18
Vier Viertelkreise außen 20
Vier Halbkreise außen 22
Vier Kreise kreuzförmig 24
Vier Viertelkreise von innen nach außen gedreht 26
Vier Kreise mit Mittelornament 28
Acht Halbkreise außen 30
Ein Quadrat diagonal 32
Vier Quadrate diagonal 34
Vier halbe Quadrate diagonal von außen 36

Schals
Vier Kreise 38
Acht Halbkreise außen 40
Vier diagonale Quadrate 42
Halbe Quadrate in zickzackförmiger Anordnung 44
Halbkreise in versetzter Anordnung 46

Grafiken: Wolfgang Kunkel
Fotos: frechverlag GmbH + Co. Druck KG, 70499 Stuttgart;
Fotostudio Ullrich & Co., Renningen

Auflage: 5. 4. 3. 2. 1. | Letzte Zahlen
Jahr: 2002 2001 2000 1999 98 | maßgebend

ISBN 3-7724-2394-9 · Best.-Nr. 2394
Druck: frechverlag GmbH + Co. Druck KG, 70499 Stuttgart

SHIBORI

ist eine Reservierungstechnik, bei der man durch Abnähen oder Abbinden Textilien vor einem Färbebad Muster verleiht. Dieses Verfahren wurde bereits auf allen bekannten Naturfaserstoffen in mehr oder weniger anspruchsvoller Form in den frühen Kulturen in Japan, Indien, Indonesien, Afrika, Lateinamerika und Europa angewandt.

Die Bezeichnung SHIBORI stammt aus dem Japanischen und bedeutet „wringen", „auspressen" und „pressen". Gerade im asiatischen Raum hat sich diese Technik wahrscheinlich deshalb zu einer textilen Kunst entwickelt, weil man dort bereits früh Seide zur Verfügung hatte. Durch origamisches Falten und Abbinden des Stoffes und anschließendes Einfärben entstehen kunstvolle Muster. Auf Seide werden diese Muster durch die Dünne des Materials besonders filigran. Auf diese Weise wurden u.a. auch Kimonostoffe eingefärbt.

Heute kann man SHIBORI mit dampffixierbaren Seidenmalfarben mit wenig Aufwand und in kurzer Zeit realisieren. Nachdem ich mich mit dem herkömmlichen SHIBORI beschäftigt hatte, entdeckte ich die zahlreichen Möglichkeiten der kunstvollen Variante. Angeregt durch das Grundfaltmuster, begann ich sofort zu experimentieren und schaffte es, innerhalb von wenigen Tagen ganz überraschende Ergebnisse zu erzielen.

Die Musterentwürfe gehen von streng geometrischen Grundformen aus, was die gleich verlaufenden Konturen auf dem gefärbten Stoff nicht vermuten lassen. Durch die raffinierte Technik ergibt sich eine absolute Symmetrie.

Ich wünsche Ihnen viel Freude beim Falten und Färben und hoffe, daß Sie von den vielfältigen Möglichkeiten von SHIBORI ebenso fasziniert sein werden wie ich.

Ihre

Annette Kunkel

MATERIAL UND WERKZEUG

Zum Falten und Abbinden:

- Bügeleisen
- Bügelbrett oder Moltontuch als Bügelunterlage für den Tisch
- Garn zum Abbinden: Ich bevorzuge wegen der hohen Elastizität preiswertes Synthetikstrickgarn in hellen Farben.
- Phantomstift

Zum Färben:

- Pipette (Fachhandel oder Apotheke)
- Briefwaage
- Glas Wasser
- Plastikhandschuhe
- Alter Kochtopf, der nicht mehr zum Kochen verwendet wird, oder Mikrowellengerät mit mikrowellengeeigneter Schüssel
- Dampffixierbare Seidenmalfarben

Seide und Wolle

Verwenden Sie am Anfang zunächst Tücher der Qualität Pongé 05 bis 08. Die relativ dünne Seide läßt sich sehr gut falten, dadurch entstehen sehr filigrane Muster. Andere Seidenqualitäten wie z.B. Crêpe de Chine oder Crêpe Georgette erfordern etwas mehr Erfahrung.

Für die Shibori-Technik eignet sich auch sehr gut Wolle (z.B. Etamine de laine). Das erste Tuch auf Seite 14/15 ist ein Wolltuch aus Etamine de laine. Da Wolle genau wie Seide eine eiweißhaltige Faser ist, können Sie diese ebenfalls mit dampffixierbaren Seidenmalfarben einfärben. Der Arbeitsvorgang ist der gleiche. Durch die Dicke des Materials sind die Faltmöglichkeiten allerdings begrenzt.

SO BENUTZEN SIE DIESES BUCH

Alle in diesem Buch gezeigten Muster sind für Anfänger geeignet und garantieren jedem Erfolgserlebnisse.

Die Faltschemata in diesem Buch sind für quadratische Tücher aller gängigen Größen (28 cm x 28 cm bis 140 cm x 140 cm) geeignet. Besonders ausdrucksvoll erscheinen die Muster auf einem Tuch von 110 cm x 110 cm.
Die Faltanleitungen für Schals sind für die Größe 45 cm x 180 cm bestimmt.

Den gesamten Arbeitsvorgang beachten

Bevor Sie mit dem Falten und Färben beginnen, lesen Sie den gesamten Arbeitsvorgang (Seite 6 bis 13) aufmerksam durch. Erläuterungen und wichtige Hinweise finden Sie bei den jeweiligen Abbildungen.

Von einfach nach schwer

Die Faltskizzen zu den einzelnen Tüchern und Schals von Seite 14 bis 47 sind nach Schwierigkeitsgrad geordnet. Arbeiten Sie sich also am besten mit dem Grundfaltmuster beginnend vor. So werden Sie sich schnell in die Technik einfinden.

Symmetrie und Zufall

Um ein vollkommen symmetrisches Muster zu erhalten, sollten Sie das Tuch bzw. den Schal exakt nach der Faltskizze falten. Beim Faltvorgang von Abb. 6 bis 15 (Seite 8 bis 11) und beim Anlegen der Knoten kommt es nicht so sehr auf Genauigkeit an. Wichtig ist dabei nur, daß Sie fest wickeln und abbinden, damit die Farbe beim Kochen nicht in das Innere des Knotens vordringen kann.

Jedes Stück ein Unikat

Durch das Falten nach den jeweiligen Faltskizzen kann man die Farbmuster- und Ornamentanordnungen gezielt steuern. Ihr Ergebnis wird jedoch nie genauso aussehen wie auf den Fotos im Buch, da es beim Knotenbinden immer wieder zu Verschiebungen kommt. Dadurch können z.B. die Kreise kleiner oder größer ausfallen. Außerdem ist das Fließverhalten der Farbe bei jedem Seiden- oder Wollstück anders. Somit entstehen immer wieder neue interessante Muster. Das Endergebnis wird auf jeden Fall eine Überraschung sein!
Falls Sie dennoch zwei identische Tücher oder Schals benötigen, müssen Sie mit zwei Stofflagen übereinander arbeiten.

Nun geht's los!

Auf den Seiten 6 bis 13 sind die wichtigsten Arbeitsabläufe mit Fotos und Skizzen genau erklärt.

SIE FINDEN DORT ERLÄUTERUNGEN ZU:

......1. Falt- und Knotanleitung
......2. Färbevorgang
......3. Fixieren

FALT- UND KNOTANLEITUNGEN

Zeichenerklärung

Diese Zeichen und Skizzen werden für die Faltgrafiken zu den einzelnen Tüchern und Schals verwendet.

- ● Mittelpunkt des Tuches oder Schals
- ★ Schnittmuster des Musters
- —— Außenkanten des Tuches oder Schals
- - - - Bruchkante, hier muß gefaltet werden.
- ➔ Gibt die Richtung eines Knotens an.

Drehen Sie ab Querstrich in Pfeilrichtung einen Knoten auf (siehe Abb. 1 unten).

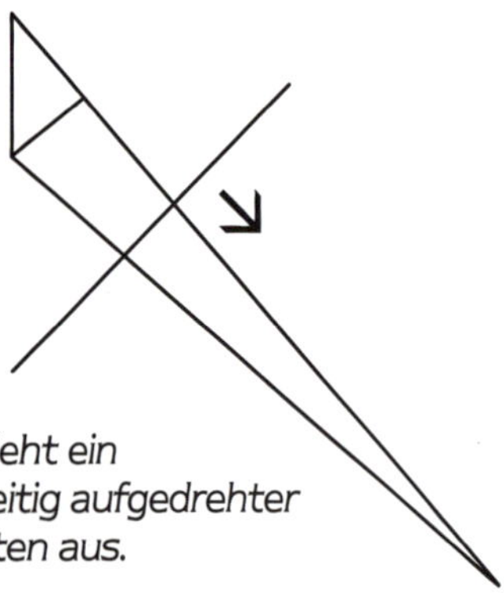

So sieht ein einseitig aufgedrehter Knoten aus.

Drehen Sie ab Querstrich in Pfeilrichtung jeweils ca. von der Mitte ausgehend nach beiden Enden hin einen Knoten auf (siehe Abb. 2 unten).

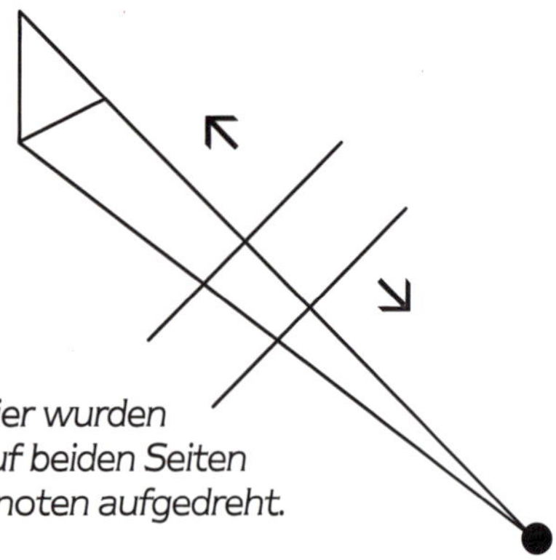

Hier wurden auf beiden Seiten Knoten aufgedreht.

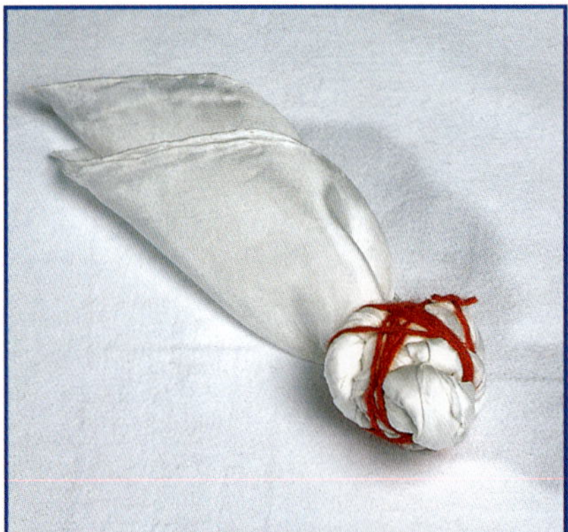

Abbildung 1

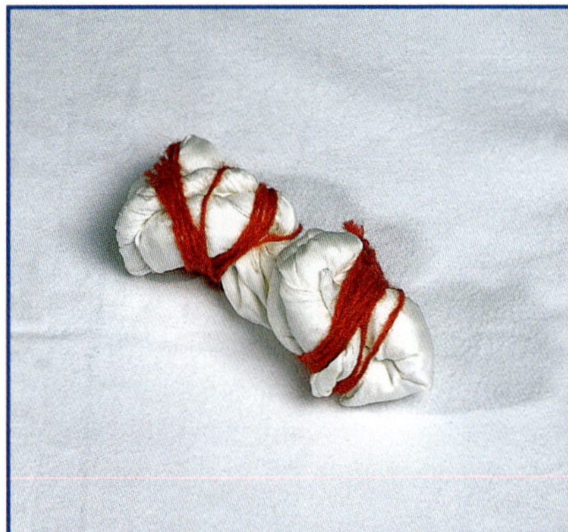

Abbildung 2

So wird gefaltet

Abb. 3 bis 9, Seite 7 bis 9

Alle Faltanleitungen beginnen bei ganz aufgefaltetem Tuch oder Schal.

Schaffen Sie sich eine ausreichend große Bügelfläche. Am besten breiten Sie eine Moltonunterlage auf einem Tisch aus. Nach dem Entfernen des Etiketts wird das Tuch glattgebügelt.

Um Ihnen das Falten zu erleichtern und um Fehler beim Falten auszuschließen, sind bei den Faltskizzen zu jedem Tuch Orientierungspunkte wie ★ und ● eingezeichnet (vgl. Seite 6). Sie zeigen Tuchmittelpunkte und Schnittpunkte der Muster an. Markieren Sie diese, wie auf der jeweiligen Skizze angegeben, mit einem Phantomstift.

Ganz wichtig ist es, grundsätzlich immer die Mitte des Tuches zu markieren. Um diese zu ermitteln, vierteln Sie das Tuch und zeichnen mit dem Phantomstift an der mittleren Ecke einen Punkt ein (Abb. 3). Bei einem Schal falten Sie ihn einmal längs und einmal quer und zeichnen mit dem Phantomstift einen Punkt an der mittleren Ecke ein.

Zeichnen Sie bei dem geviertelten Tuch auch gleich die übrigen auf der jeweiligen Faltskizze angegebenen Markierungspunkte ein. Sie können dabei mit dem Phantomstift durch die vier Lagen hindurch malen (Abb. 4). Sollten Sie sich nicht ganz sicher sein, ob Sie die Punkte richtig gesetzt haben, öffnen Sie das Tuch, und vergleichen Sie es mit der ersten Skizze der Faltanleitung, die immer das geöffnete Tuch bzw. den geöffneten Schal zeigt.

Als weitere Orientierungshilfe können Sie die auf der jeweiligen Faltskizze angegebenen gestrichelten Linien auf das Tuch zeichnen (Abb. 5). Die mit

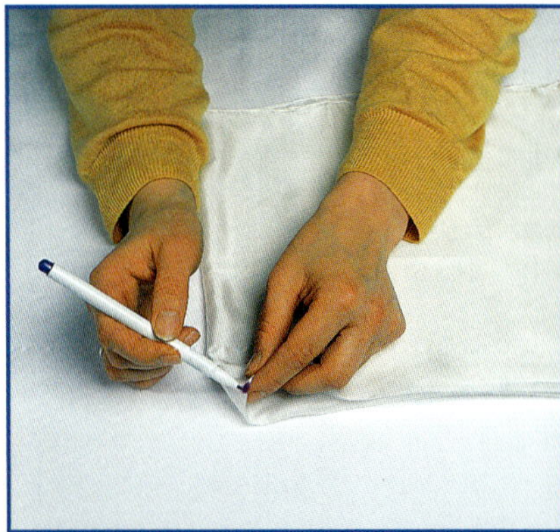

Abbildung 3

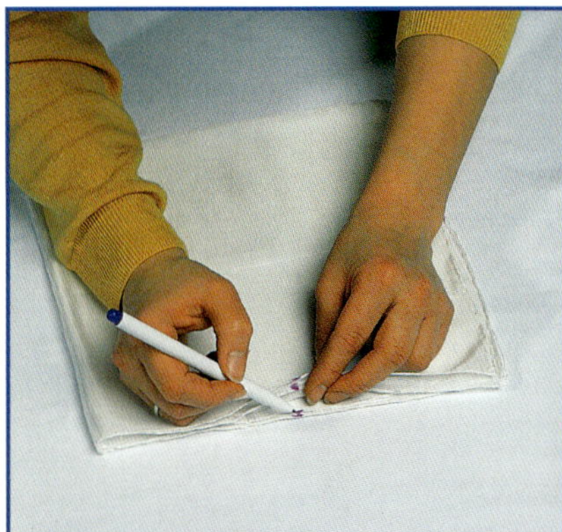

Abbildung 4

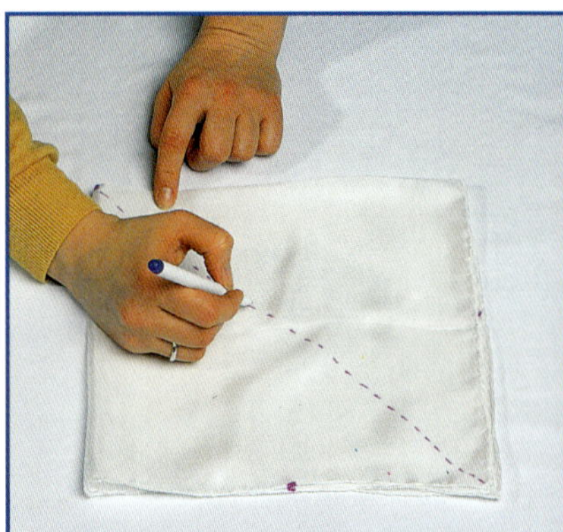

Abbildung 5

dem Phantomstift aufgezeichneten Markierungen löschen sich bei Kontakt mit der Seidenmalfarbe von allein.

Falten Sie nun nach der jeweiligen Faltskizze (Seite 14 bis 47) weiter.

WICHTIG:

Um ein perfekt symmetrisches Muster zu erhalten, sollten Sie exakt falten und das Teil nach jedem Faltvorgang bügeln, so daß es Bruchkanten erhält.

Nun wird die Faltung nach den Abb. 6 bis 9 (Skizze A bis D) durchgeführt. Hier müssen Sie beachten, ob in der jeweiligen Faltskizze des Tuches ein oder zwei Knoten vorgesehen sind (siehe jeweilige Faltskizze und Zeichenerklärung auf Seite 6).
Wenn bei dem Tuch oder Schal zwei Knoten vorgesehen sind, legen Sie die Faltung (Abb. 6 bis 9) ungefähr ab der Mitte des Tuches an (siehe Abb. 6).
Bei Teilen mit einem Knoten schätzen Sie den Abstand so ab, daß er unge-

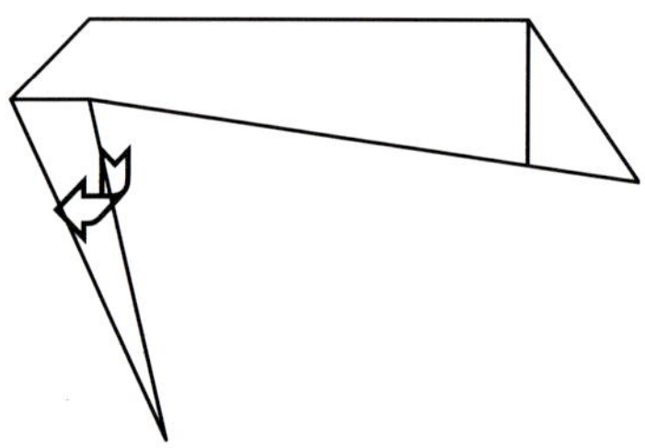

Skizze A zu Abbildung 6

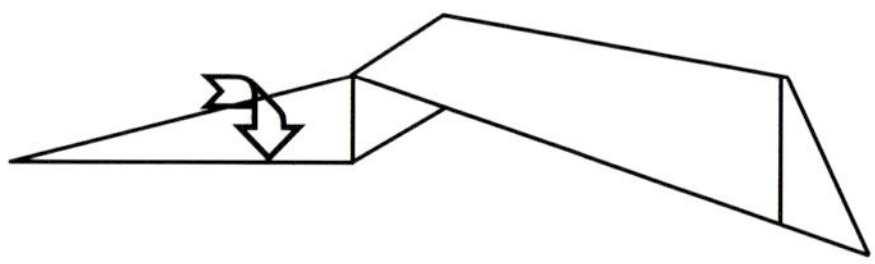

Skizze B zu Abbildung 7

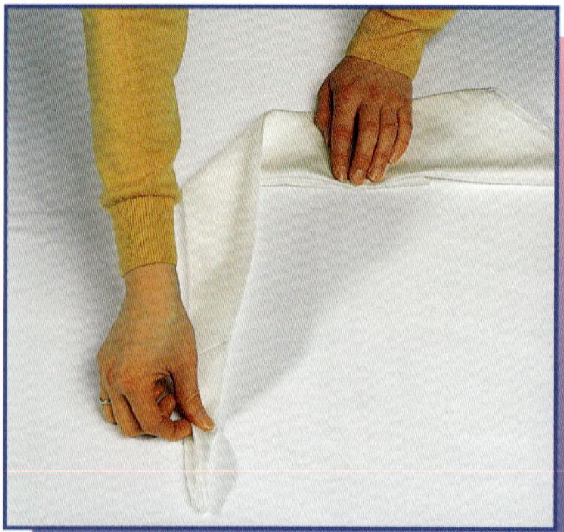

Abbildung 6

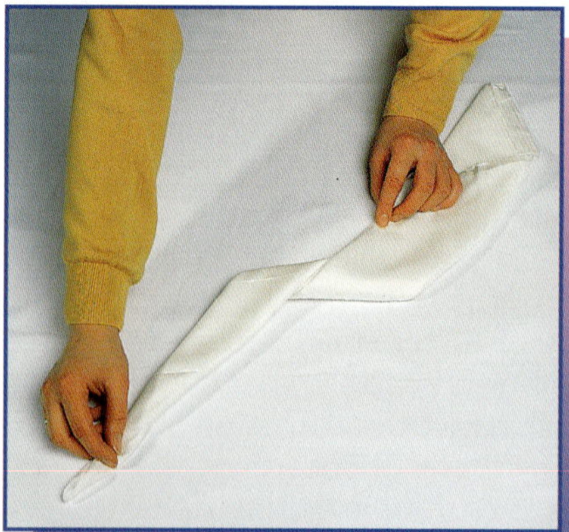

Abbildung 7

fähr der Faltskizze entspricht (siehe Zeichenerklärung Seite 6).
Anschließend wird das Tuch bzw. der Schal nach den Abb. 10 bis 15 geknotet (siehe Seite 10 und 11).

So wird geknotet

Abb. 10 bis 15, Seite 10 und 11

HINWEIS:

Es wird hier kein Knoten im herkömmlichen Sinn gebunden, sondern das gefaltete Tuch bzw. der Schal wird wie ein Wollknäuel aufgewickelt. Achten Sie darauf, daß Sie ganz fest binden und die Spannung nicht nachläßt. Die Turbanform ergibt sich dann von ganz allein. Die Begriffe „Knoten" und „Turban" verwende ich also nicht im engeren Sinne.

Halten Sie das Tuch mit Zeigefinger und Daumen der rechten Hand so fest, daß die angelegte Faltung erhalten bleibt, und drehen Sie das Tuch gleichzeitig mit der linken Hand in Faltrichtung zu einer Kordel (Abb. 10).

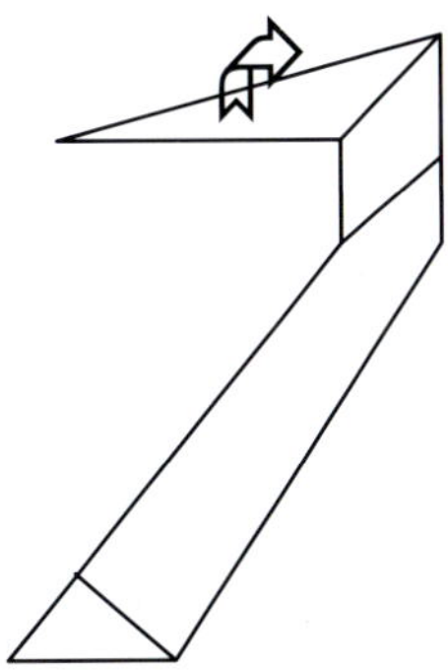

Skizze C zu Abbildung 8

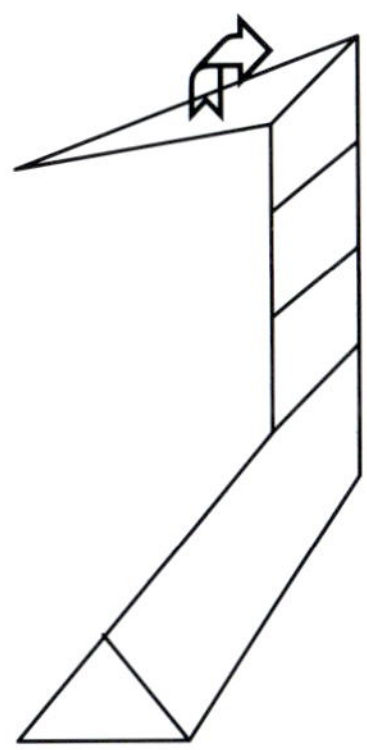

Skizze D zu Abbildung 9

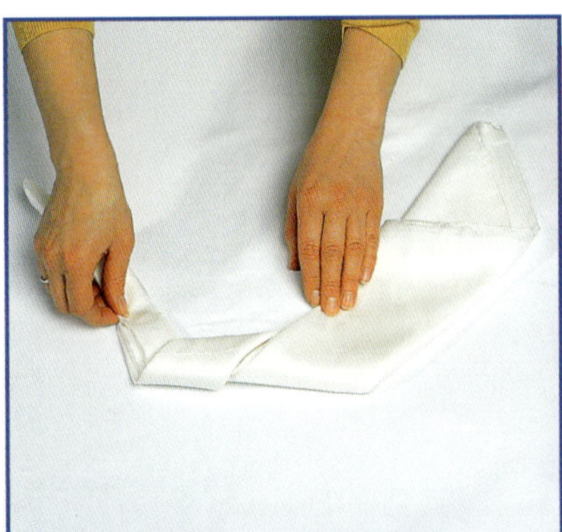

Abbildung 8

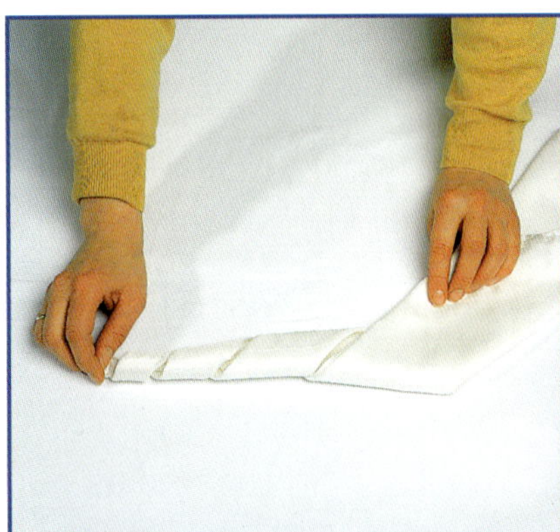

Abbildung 9

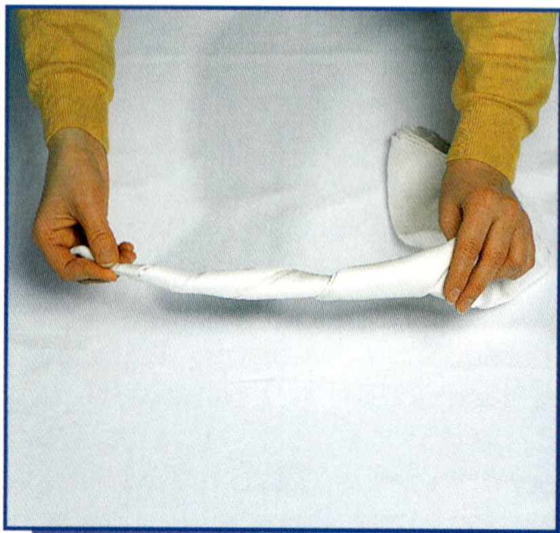

Abbildung 10

Abbildung 11

Wenn Sie bei großen Tüchern oder Schals einen langen Strang aufdrehen müssen, nehmen Sie eine zweite Person zu Hilfe.

Bei diesem Schritt kommt die Bezeichnung Shibori (wringen und pressen) zum Tragen. Je fester Sie drehen, desto filigraner werden später die Muster (Abb. 11).

Sobald der Strang sich wölbt, hat er die nötige Spannung erreicht (Abb. 12).

Der Strang wird wie ein Wollknäuel zu einem „Turban" aufgewickelt (Abb. 13).

Zwirbeln Sie das Ende fest, und fixieren Sie es unbedingt mit Wolle auf der Außenseite des Knotens (Abb. 14).

Danach wird der ganze Knoten mit Wolle sehr fest abgebunden (Abb. 15).

Falls die jeweilige Faltskizze zwei Knoten vorsieht (wie auf Abb. 15 zu sehen), falten Sie das andere Tuchende gegengleich. Beginnen Sie dann also wieder bei der Abb. 6 auf Seite 9. Auf Seite 6 sehen Sie ein Tuch mit einem und eines mit zwei Knoten.

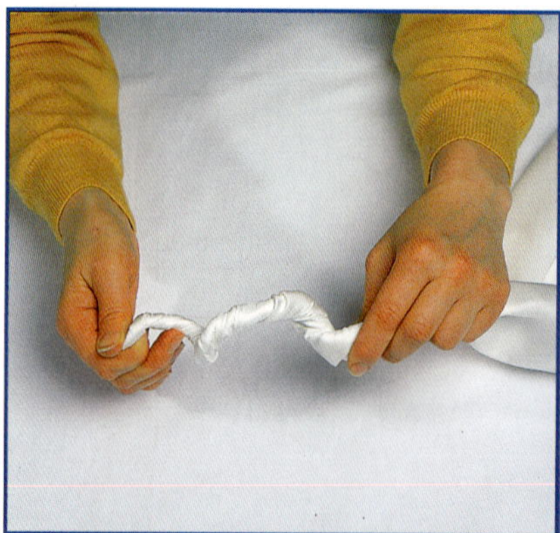

Abbildung 12

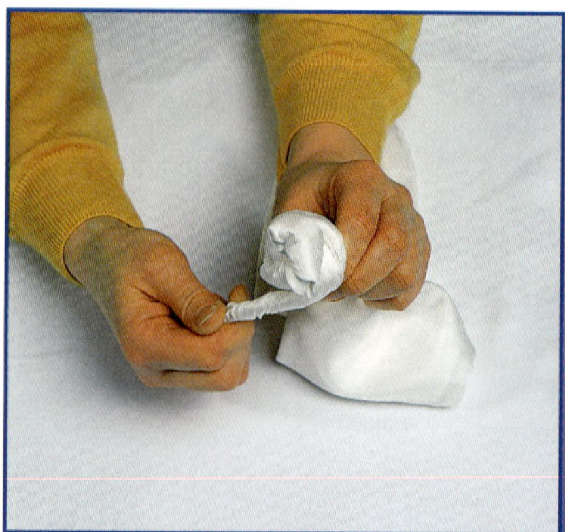

Abbildung 13

ANLEITUNG ZUM FÄRBEN

Die Farbmenge, die die Seide aufnehmen kann, habe ich durch zahlreiche Experimente genau berechnet. Gehen Sie beim Färben genau nach dieser Anleitung vor, damit keine Pannen auftreten.

Farbwahl

HINWEIS:

Diese Technik ist nur mit dampffixierbaren Seidenmalfarben durchführbar.

Als Anfangsausstattung benötigen Sie maximal vier Farben. Um Kontraste zu erzielen, sollte auf jeden Fall ein heller und ein dunkler Farbton dabei sein. Vom Selbstmischen der Farben rate ich ab. Abgesehen vom Zeitaufwand sind manche Farben, wie z.B. brillante Blautöne und Brauntöne, die im Handel angeboten werden, nur sehr schwer selbst zu mischen.
Wollen Sie Ihre bereits vorhandenen Grundfarben wie Rot, Blau und Gelb mitverwenden, ergänzen Sie sie auf jeden Fall um einen dunklen Farbton. Die Grundfarben sind zu hell, so daß kein Hell-Dunkel-Kontrast entsteht. Die entstehenden Konturen können Sie dann nur schwach erkennen.
Beachten Sie auch, daß die flüssige Seidenmalfarbe fließt; an den Farbübergängen entstehen also Mischtöne. Wenn Sie z.B. die Farben Rot, Blau und Gelb verwenden, erhalten Sie ein sehr buntes Tuch. Durch die Farbtöne Blau und Gelb entsteht zusätzlich als Mischfarbe Grün usw.
Falls Sie in der Farbwahl wegen dieser Mischfarben unsicher sind, probieren Sie die ausgewählten Farben auf einem Küchenvlies aus. Sie können die Mischtöne erkennen, wenn Sie die einzelnen Farben so nebeneinander auftropfen, daß sie etwas ineinander laufen.

Abbildung 14

Abbildung 15

Färbevorgang

Vorbereitung

Nachdem Sie die Farbwahl getroffen haben, stellen Sie drei harmonierende Farben bereit. Zum Ausspülen der Pipette wird ein Glas Wasser benötigt.

Dosierung der Farbe

Bei Pongéseide benötigen Sie genausoviel Farbe wie das Eigengewicht der Seide. Für ein Pongétuch von 30 g Gewicht ist also 30 g Seidenmalfarbe notwendig. Das Gesamtgewicht des vollständig eingefärbten Tuchs beträgt dann 60 g.
Um die Farbdosierung zu kontrollieren, müssen Sie das Tuch vor und auch während des Arbeitsvorganges am besten mit einer Briefwaage immer wieder wiegen.

Einbringen der Farbe

Zum Färben legen Sie das geknotete Tuch auf eine Folie und spritzen die verschiedenen Farben nacheinander rundum verteilt mit einer Pipette hinein. Vergessen Sie nicht, die Pipette vor jedem Farbwechsel sorgfältig in dem Wasserglas zu reinigen und das Gesamtgewicht regelmäßig mit der Briefwaage zu kontrollieren.
Würden Sie sie unkontrolliert eingeben und zuviel Farbe verwenden, käme es zu Überlagerungen der hellen Farbtöne und zu verschwommenen Konturen. Das Muster wäre dann kaum noch zu erkennen. Bei zu geringer Farbeingabe erhalten Sie uneingefärbte Stellen im Tuch.
Geben Sie die Farben mit der Pipette zuerst möglichst tief in die Falten des Knotens hinein, damit sie in das Innere gelangen. Wenn Sie die Farbe zu oberflächlich auftragen und das Knäuel auf der Außenseite bereits eingefärbt ist, bevor es das nötige Gewicht erreicht hat, ist es sehr schwierig, die noch uneingefärbten Stellen zu finden. Bei nachträglicher Farbzugabe kommt es dann oft partienweise zu unerwünschten Farbüberlagerungen und schmutzigen Farbtönen. Benutzen Sie deshalb zum Einfärben von großen Tüchern unbedingt eine große Pipette von 3 ml Fassungsvermögen. Falls diese nicht vorhanden ist, ist es sehr wichtig, daß Sie mit einer kleinen Pipette von 1,5 ml zweimal nacheinander Farbe in die gleiche Stelle injizieren.

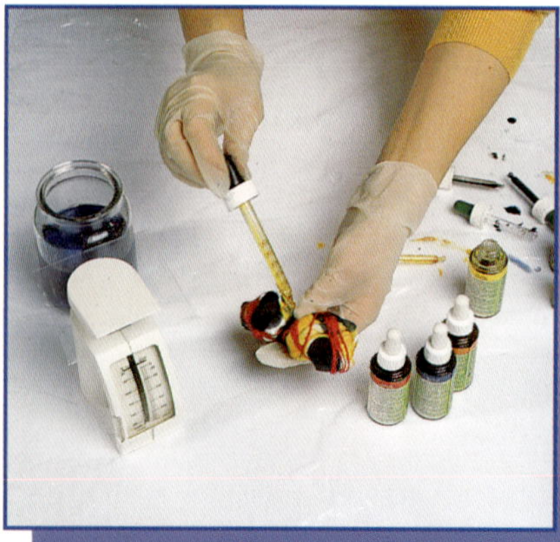
Abbildung 16

Abbildung 17

Kontrollieren Sie auch am unteren Rand des Knotens, ob Sie genug Farbe eingegeben haben. Bei Nickitüchern empfiehlt es sich, mit einer kleinen Pipette von 1 ml zu arbeiten, um nicht gleich den ganzen Knoten mit Farbe zu durchtränken.
Bei Teilen mit zwei Knoten ist es ratsam, mit der Pipette den Abstand zwischen den Knoten im dunklen Farbton des Farbbades einzufärben.
Bei einem Tuch oder Schal mit einem Knoten verfahren Sie mit dem heraushängenden Zipfel genauso. Bei der Mikrowellenfixierung können Sie durch diese Vorbehandlung völlig auf die Farbzugabe im Wasser (vgl. Fixierung im Farbbad) verzichten.

FIXIEREN

Fixierung im Farbbad

Bringen Sie 1 Liter Wasser, 30 ml Farbe eines passenden dunklen Farbtons (z.B. Dunkelblau, Weinrot, Braun) und 20 ml Essig zum Kochen, und geben Sie den fest gewickelten Knäuel in das sprudelnd kochende Farbbad. Die Farbe des Farbbads dringt nicht in den Knoten ein; es werden nur die außenliegenden Tuchpartien eingefärbt.
Nach 20 Minuten Kochzeit (ohne Deckel) können Sie das fertig fixierte Tuch entnehmen.

Mikrowellenfixierung

Geben Sie eine Tasse Wasser und etwas Essig in eine kleine Schüssel, die Sie in das Mikrowellengerät stellen. Bei 600 Watt wird das Wasser zum Kochen gebracht (ca. 3 Minuten einstellen). Legen Sie nun nach Ablauf der 3 Minuten den fest gewickelten Knäuel in das noch perlende Wasser, und fixieren Sie die Farben 5 Minuten lang bei 600 Watt und abgedeckter Schüssel.

Bei beiden Fixiermethoden können mehrere Teile vom gleichen Farbton zusammen fixiert werden.

Nach dem Fixieren

Erschrecken Sie nicht über den dunklen Knäuel, den Sie nach der Fixierung dem Topf oder der Schüssel entnehmen. Nach dem Entfernen der Wolle wird das Tuch bzw. der Schal entfaltet. Um die überschüssige Farbe zu entfernen, waschen Sie das Tuch in handwarmem Wasser mit Feinwaschmittel aus und spülen es anschließend klar. Drücken Sie das Tuch vorsichtig aus, und rollen Sie es zum Auswringen in ein Handtuch ein.
Die einplissierten Fältchen beseitigen Sie, indem Sie das Tuch im feuchten Zustand glatt bügeln. Dabei wird das Bügeleisen auf Baumwolle eingestellt.

GRUNDFORM KREIS

Hier wurde die Technik auf Wolle (Etamine de laine) realisiert.

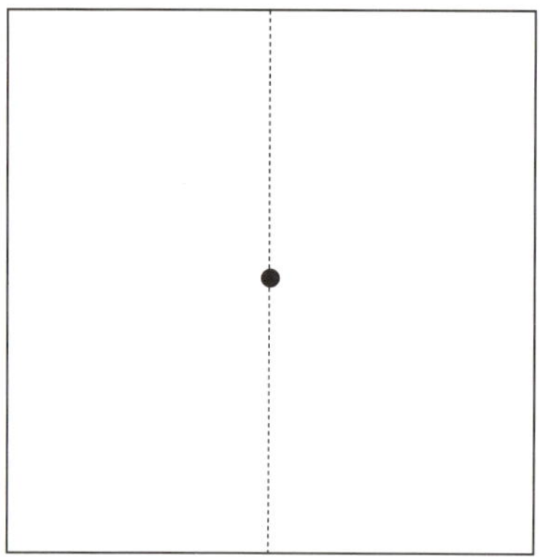

1

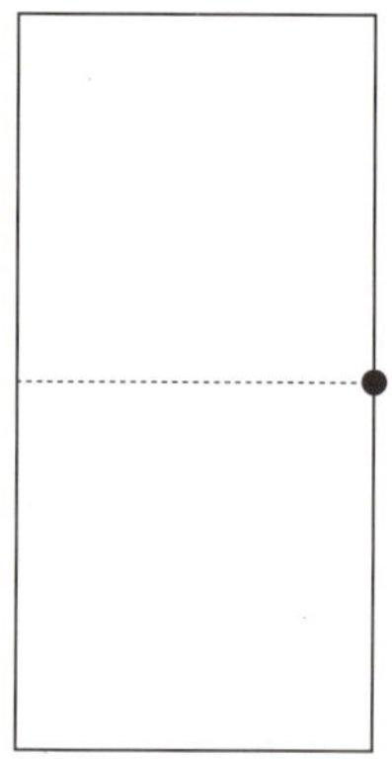

2

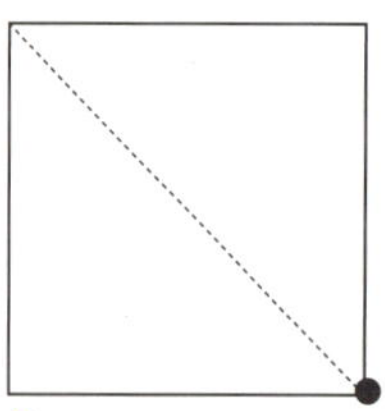

3

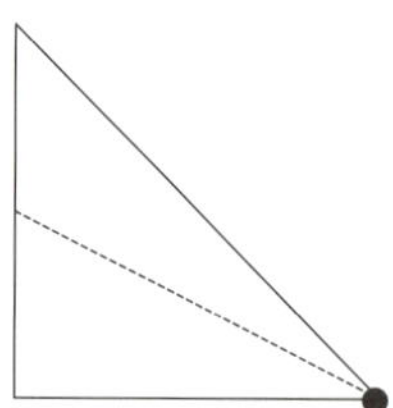

4

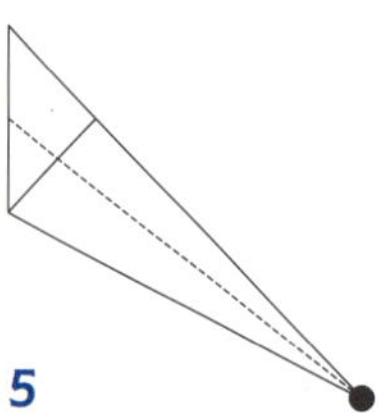

5

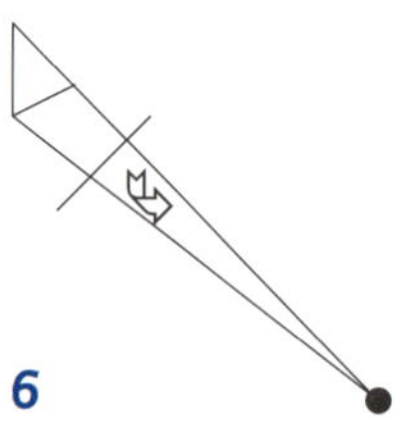

6

Das Tuch wird nun wie auf Seite 8 bis 13 beschrieben gefaltet, geknotet, gefärbt und fixiert.

KREIS VON INNEN NACH AUSSEN GEDREHT

Hellblau, Dunkelblau und Gelb ergeben einen harmonischen Farbverlauf.

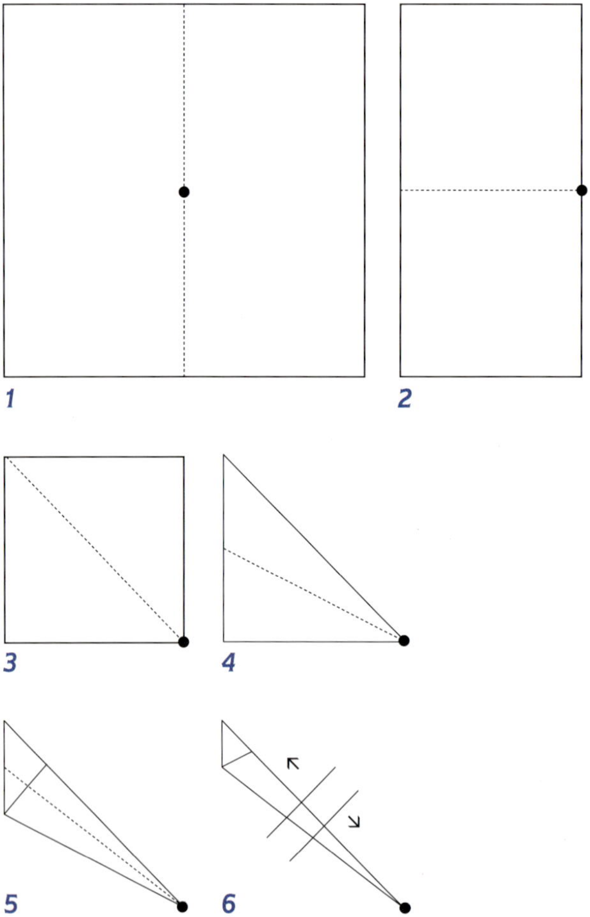

Das Tuch wird nun wie auf Seite 8 bis 13 beschrieben gefaltet, geknotet, gefärbt und fixiert.

VIER KREISE

Die Kreise sind hier sehr scharf voneinander abgegrenzt. Bei diesem Muster können die Kreise auch etwas größer geraten. Das Muster geht dann ineinander über.

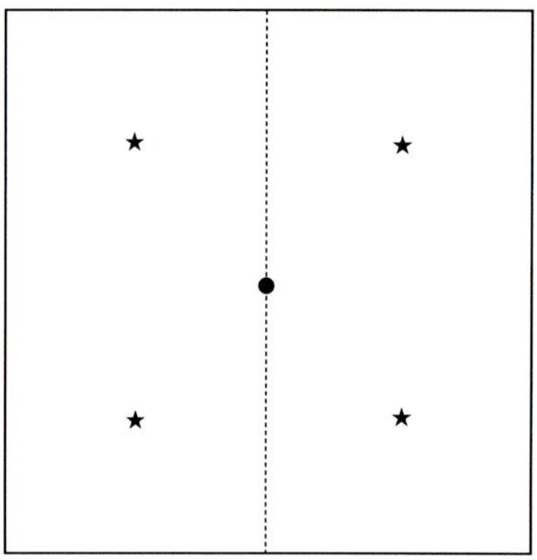

1

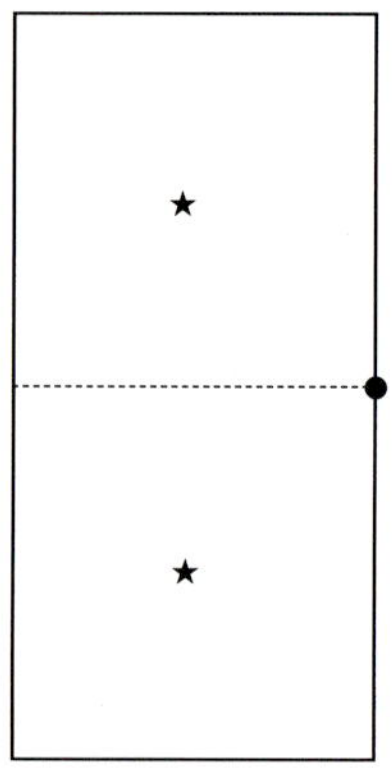

2

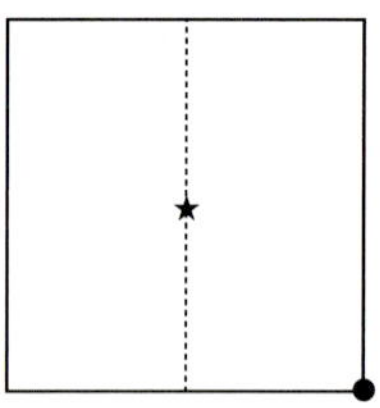

3

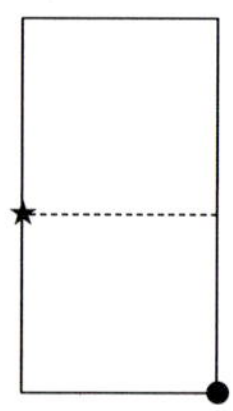

4

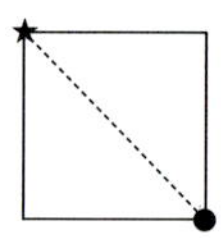

5

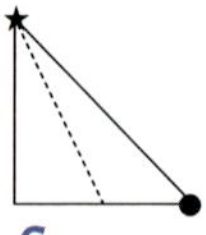

6

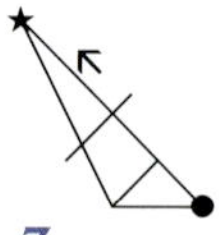

7

Das Tuch wird nun wie auf Seite 8 bis 13 beschrieben gefaltet, geknotet, gefärbt und fixiert.

Vier Viertelkreise aussen

Dieses Tuch mit stimmiger Farbauswahl und perfektem Muster entstand nach einiger Erfahrung.

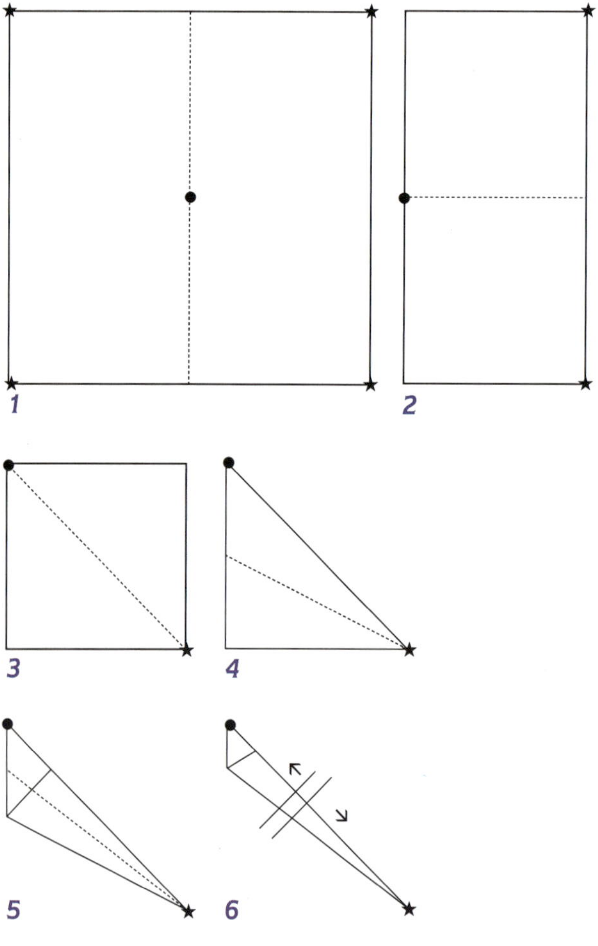

Das Tuch wird nun wie auf Seite 8 bis 13 beschrieben gefaltet, geknotet, gefärbt und fixiert.

Vier Halbkreise aussen

Hier ist der Hell-Dunkel-Kontrast zu schwach ausgeprägt: Die Konturen heben sich teilweise kaum voneinander ab. Wählen Sie auf jeden Fall kontrastreichere Farben.

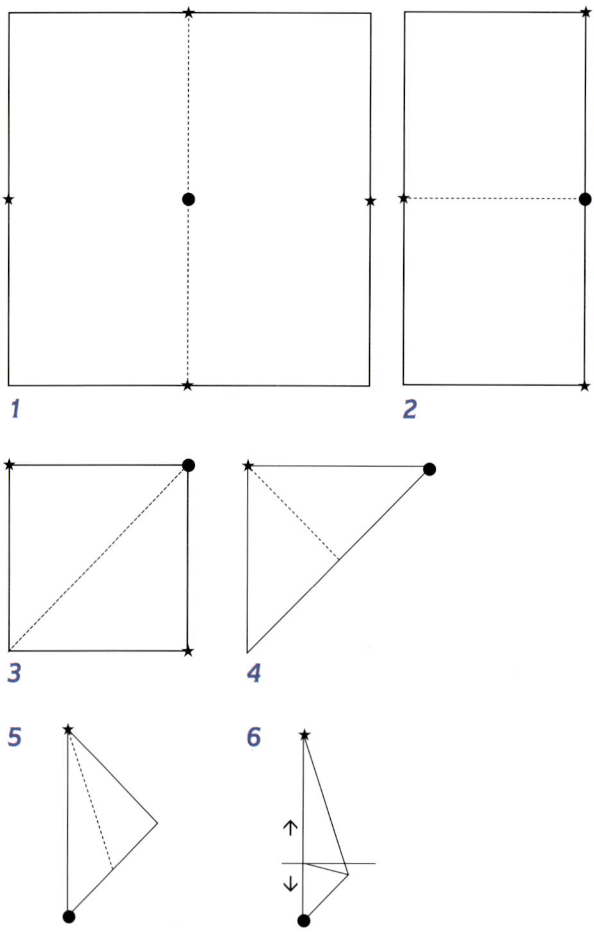

Das Tuch wird nun wie auf Seite 8 bis 13 beschrieben gefaltet, geknotet, gefärbt und fixiert.

VIER KREISE KREUZFÖRMIG

Diese Tuch entstand nur aus zwei Farben: Gelb und Blau.

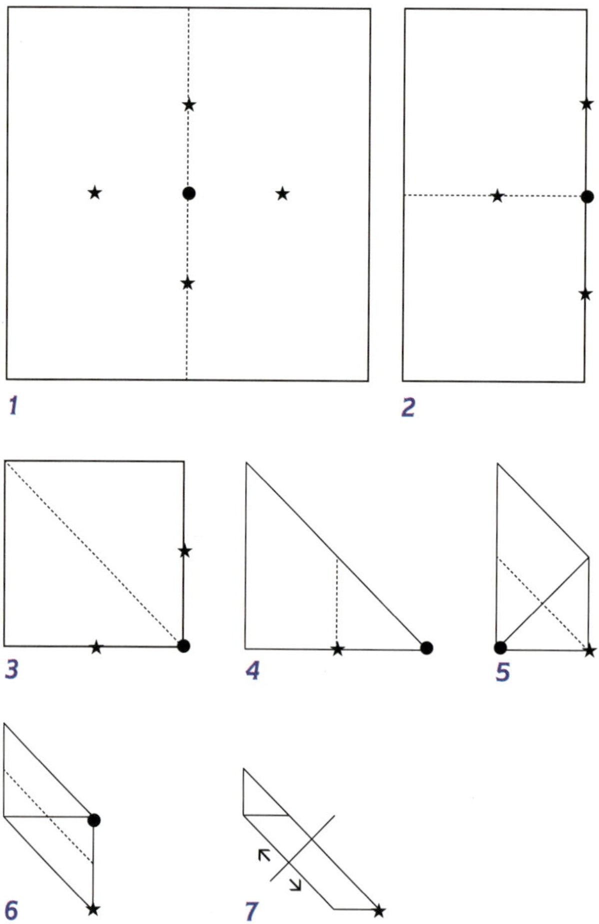

Das Tuch wird nun wie auf Seite 8 bis 13 beschrieben gefaltet, geknotet, gefärbt und fixiert.

VIER VIERTELKREISE VON INNEN NACH AUSSEN GEDREHT

Dieses Tuch gehört zu meinen Erstversuchen. Hier habe ich zu wenig Farbe aufgetragen, so daß noch weiße Stellen sichtbar sind. Zu diesem Zeitpunkt hatte ich noch nicht die exakte Farbmenge berechnet, die benötigt wird.

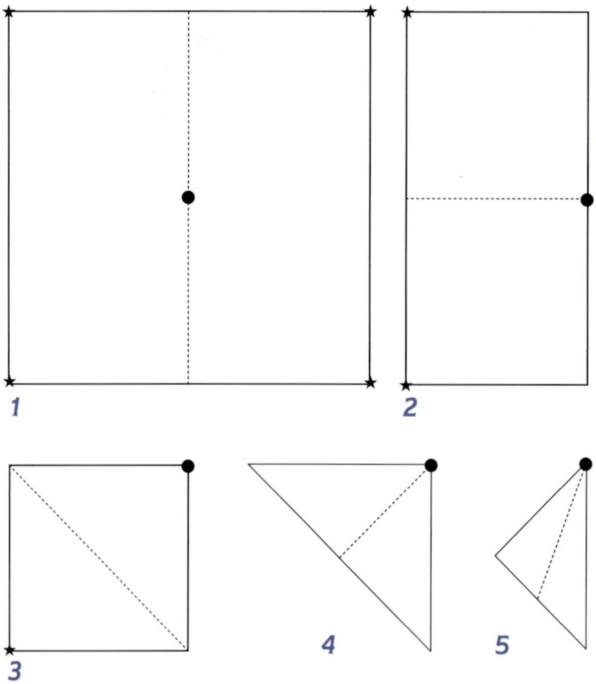

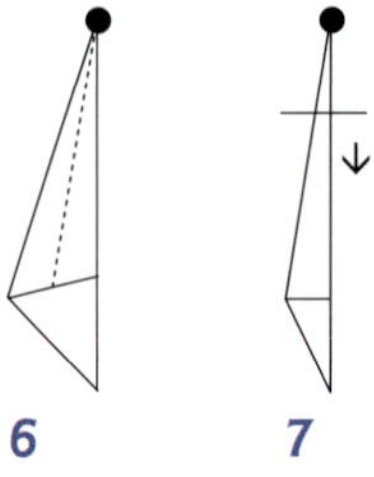

Das Tuch wird nun wie auf Seite 8 bis 13 beschrieben gefaltet, geknotet, gefärbt und fixiert.

VIER KREISE MIT MITTEL-ORNAMENT

Das Tuch ist ein Beispiel dafür, daß man die Shibori-Technik auch mit dezenten Farbtönen ausführen kann.

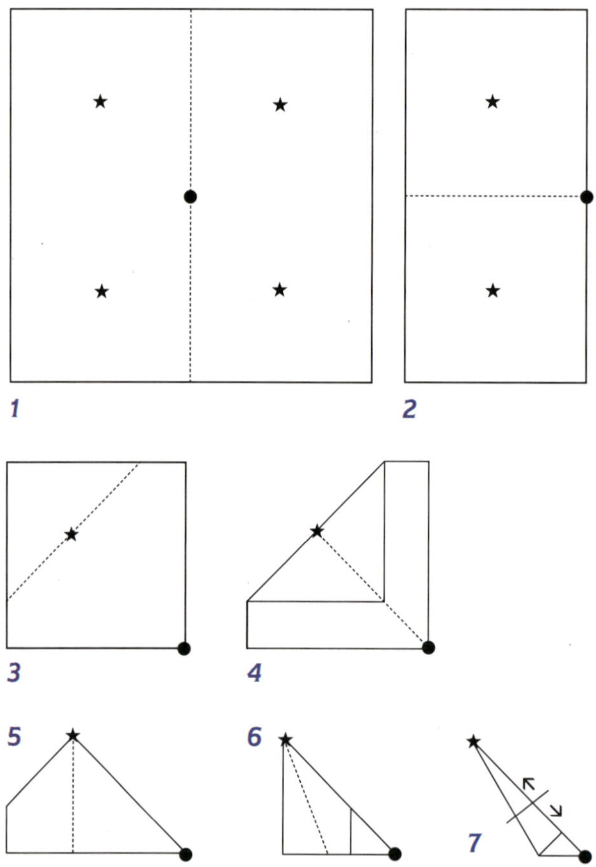

Das Tuch wird nun wie auf Seite 8 bis 13 beschrieben gefaltet, geknotet, gefärbt und fixiert.

ACHT HALBKREISE AUSSEN

Hier herrscht perfekte Farbharmonie. Blattgrün und Orange werden mit Goldgelb und Violett ergänzt.

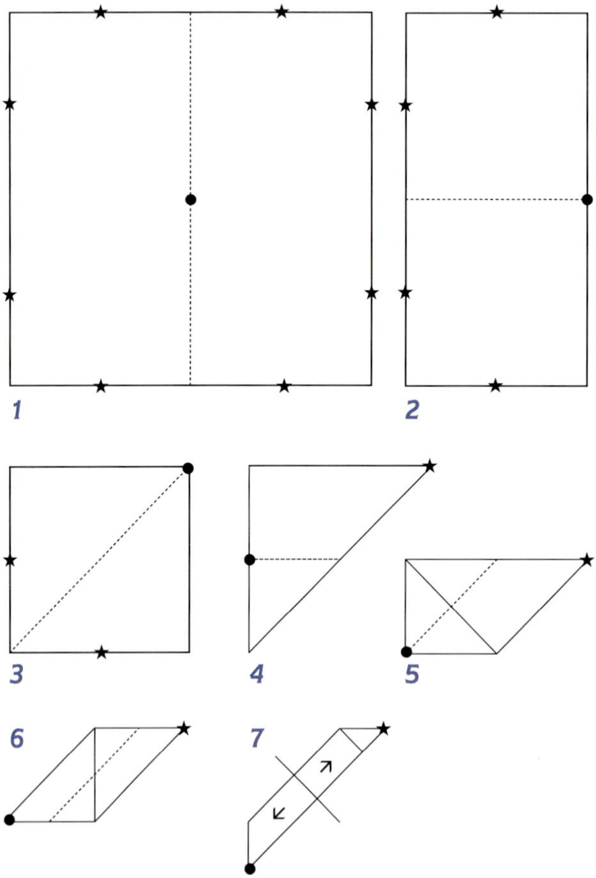

Das Tuch wird nun wie auf Seite 8 bis 13 beschrieben gefaltet, geknotet, gefärbt und fixiert.

Ein Quadrat diagonal

Eine Farbkomination, die mir besonders gut gefällt: Königsblau, Goldgelb, Braun und Himmelblau.

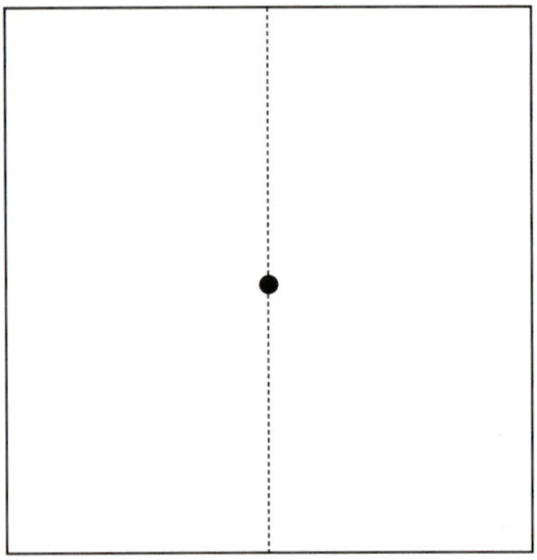

1

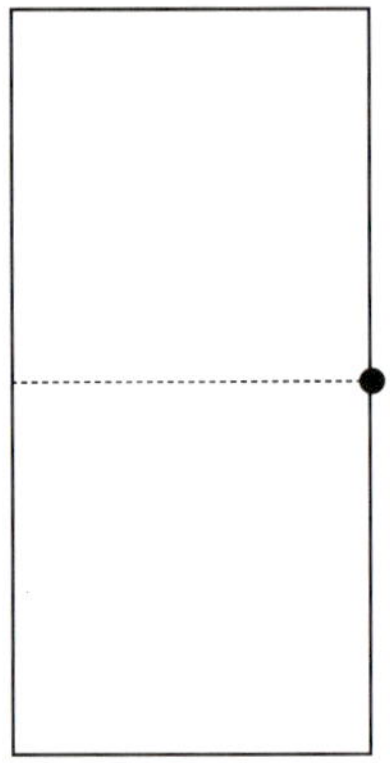

2

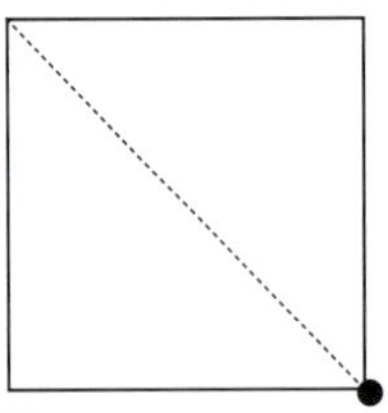

3

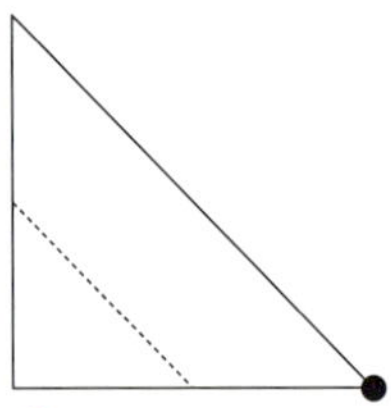

4

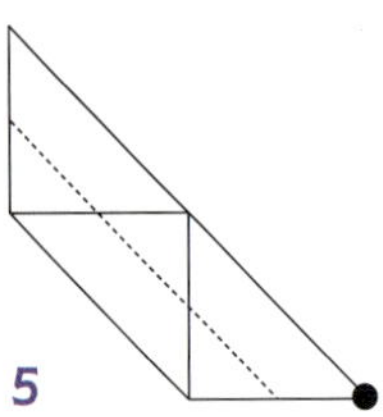

5

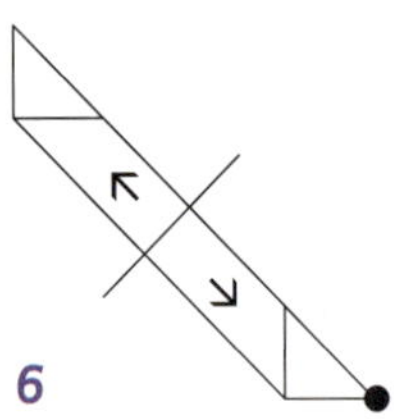

6

Das Tuch wird nun wie auf Seite 8 bis 13 beschrieben gefaltet, geknotet, gefärbt und fixiert.

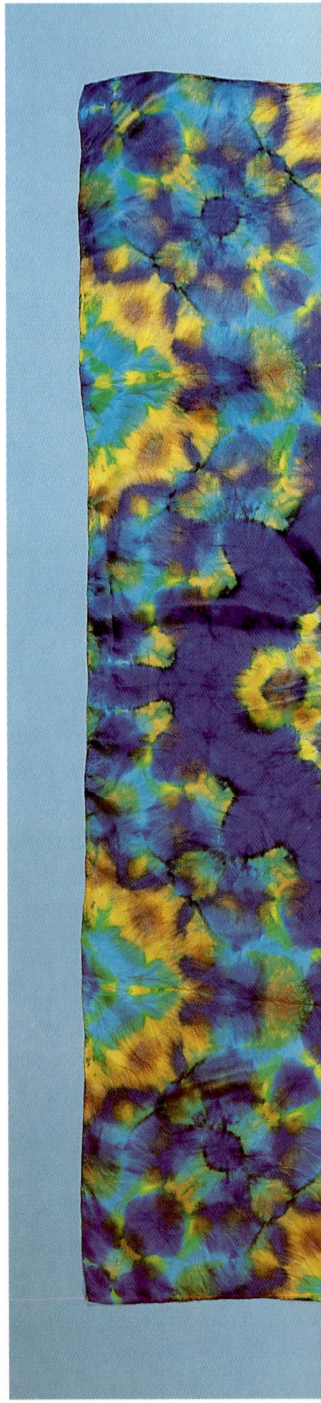

Vier Quadrate diagonal

Dieses Muster erinnert an orientalische Ornamente.

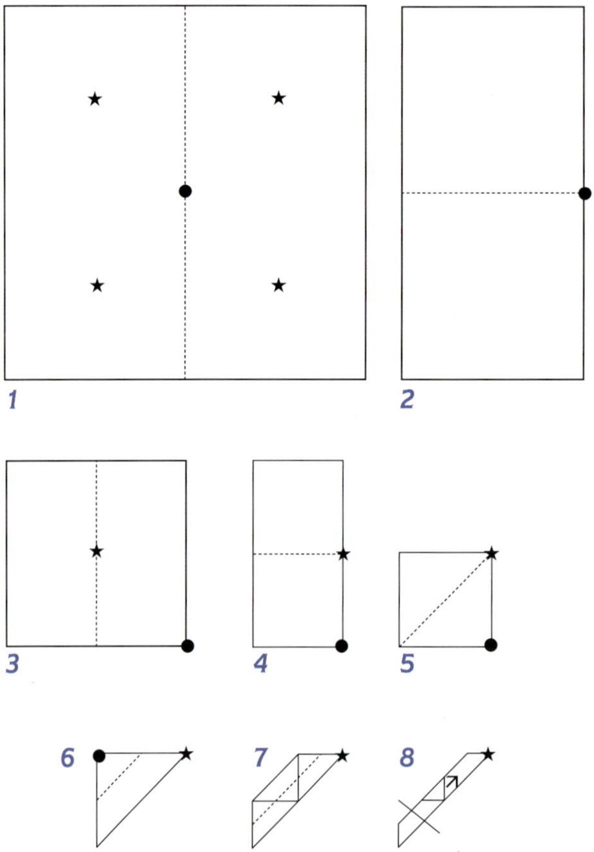

Das Tuch wird nun wie auf Seite 8 bis 13 beschrieben gefaltet, geknotet, gefärbt und fixiert.

VIER HALBE QUADRATE DIAGONAL VON AUSSEN

Auch dieses Tuch gehört zu einem meiner Erstversuche. Hier habe ich etwas zuviel Farbe aufgetragen, so daß die Farben miteinander verschwommen sind.

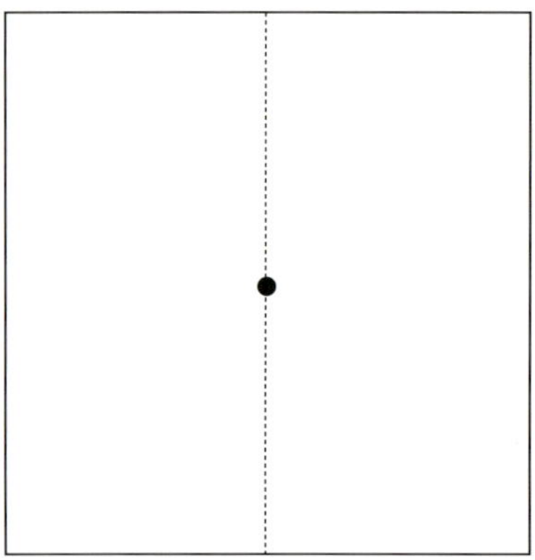

1

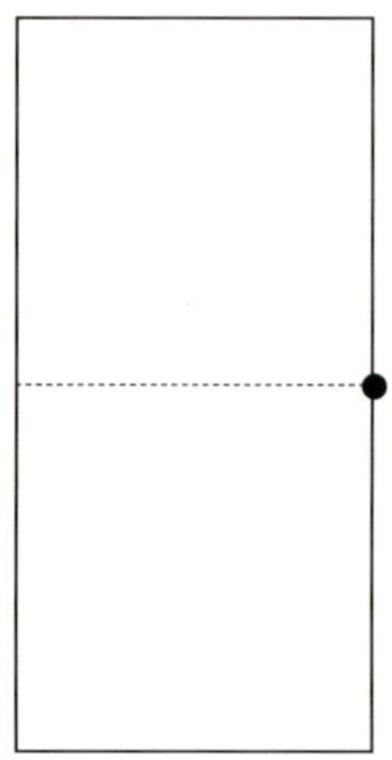

2

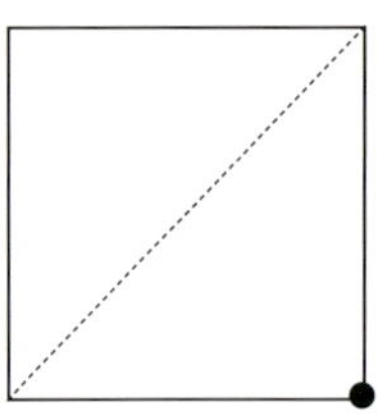

3

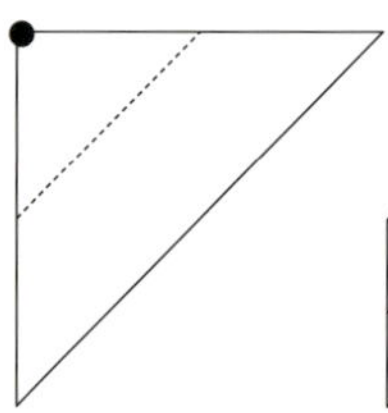

4

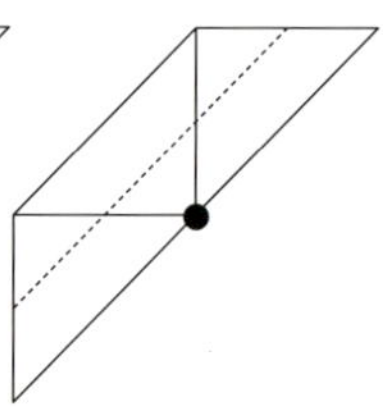

5

6

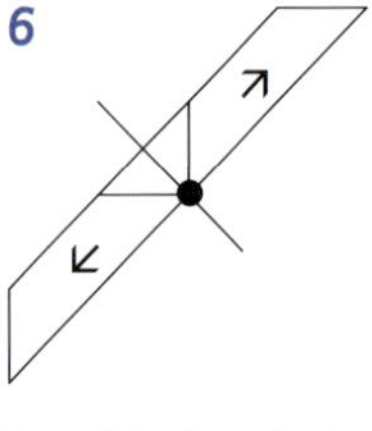

Das Tuch wird nun wie auf Seite 8 bis 13 beschrieben gefaltet, geknotet, gefärbt und fixiert.

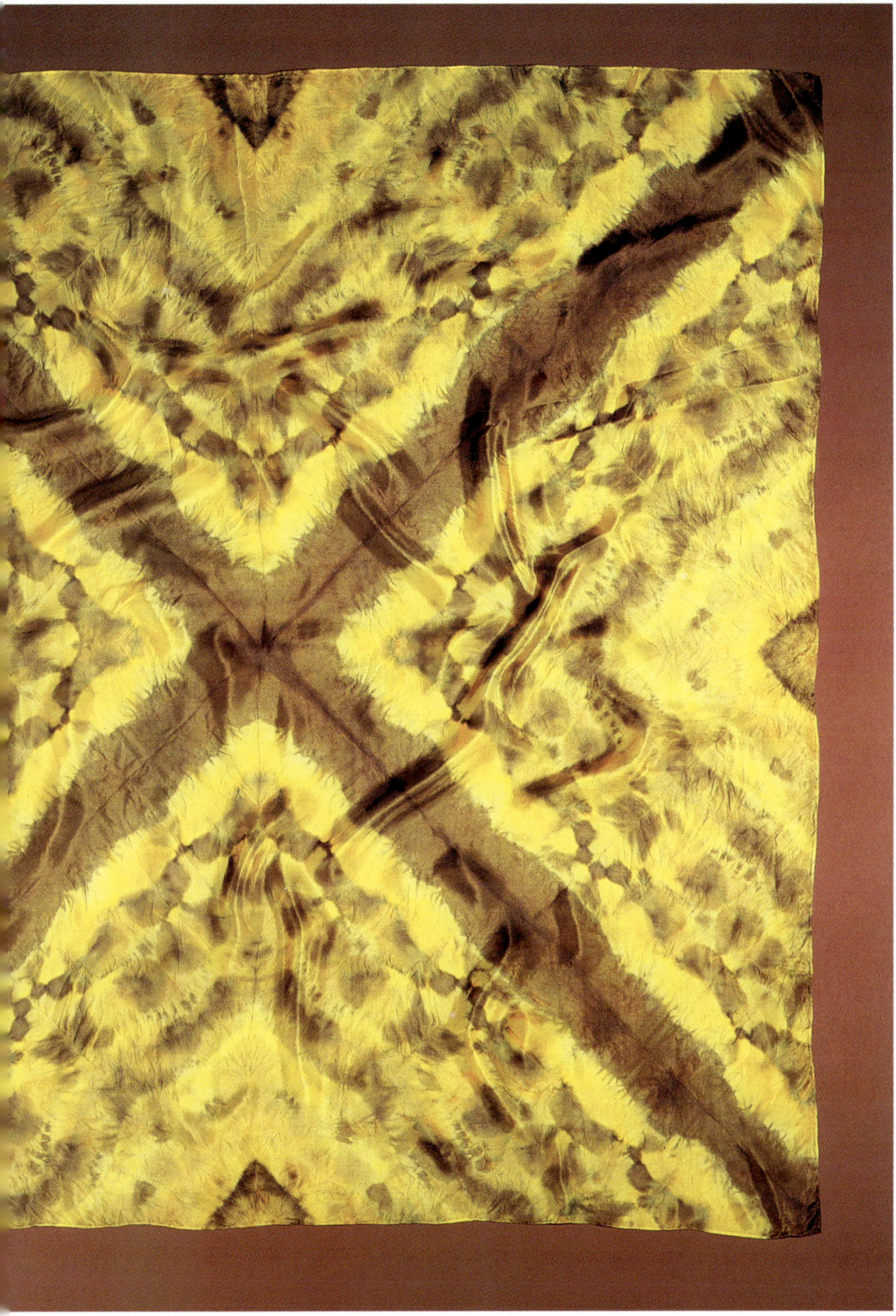

VIER KREISE

Auf dem Schal erinnert mich die Mitte der Kreise an indianische Symbole. Solche Musterphänomene entstehen sehr häufig bei meinen Experimenten.

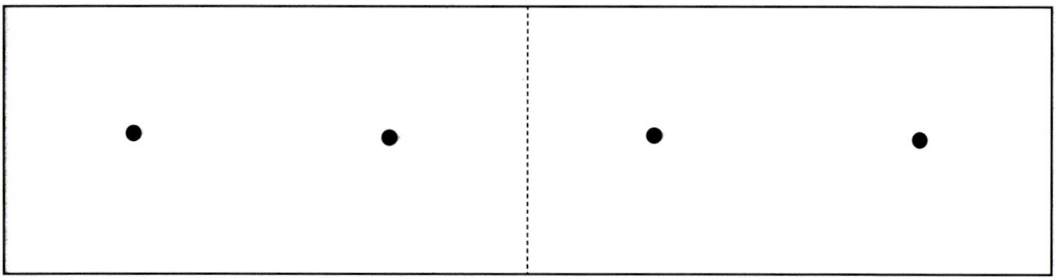

1

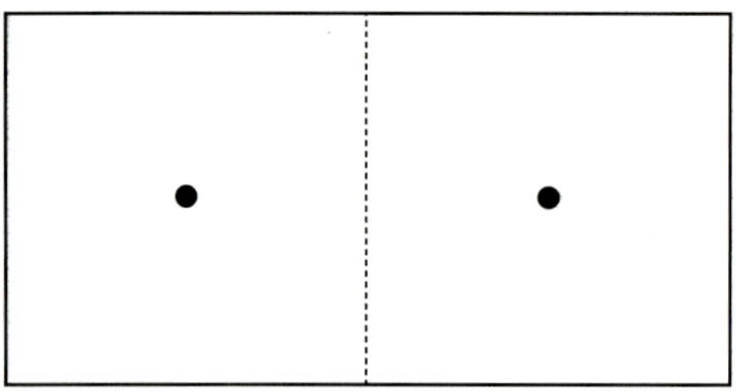

2

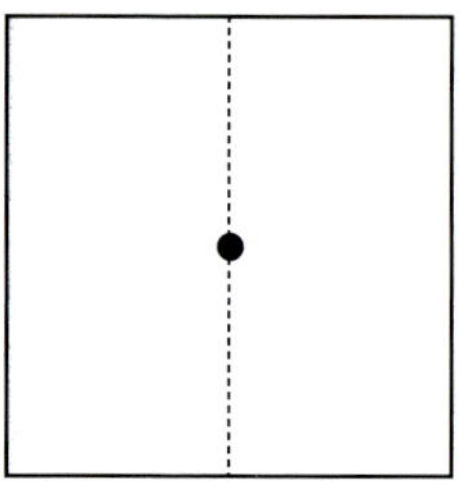

3

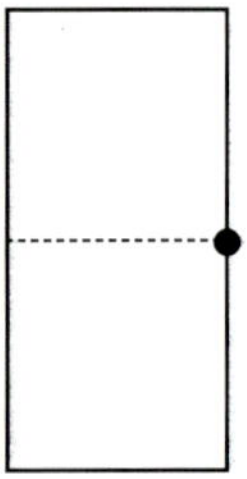

4

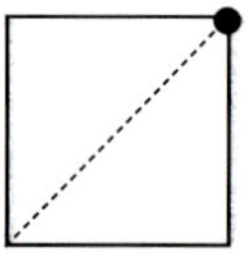

5

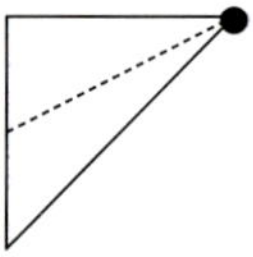

6

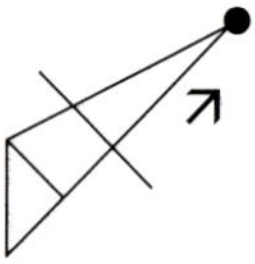

7

Der Schal wird nun wie auf Seite 8 bis 13 beschrieben gefaltet, geknotet, gefärbt und fixiert.

ACHT HALBKREISE AUSSEN

Die außen am Rand des Schals angeordneten Halbkreise erkennt man erst auf den zweiten Blick. Dominant wirken hier die leuchtend gelben Flächen in der Mitte.

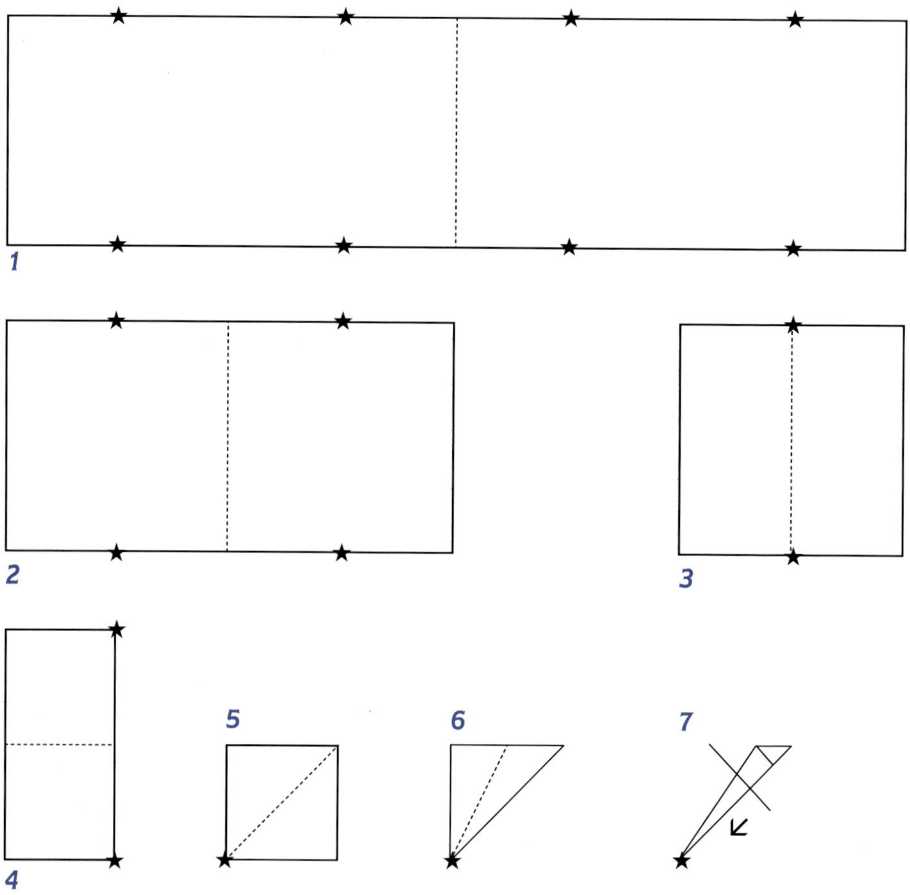

Der Schal wird nun wie auf Seite 8 bis 13 beschrieben gefaltet, geknotet, gefärbt und fixiert.

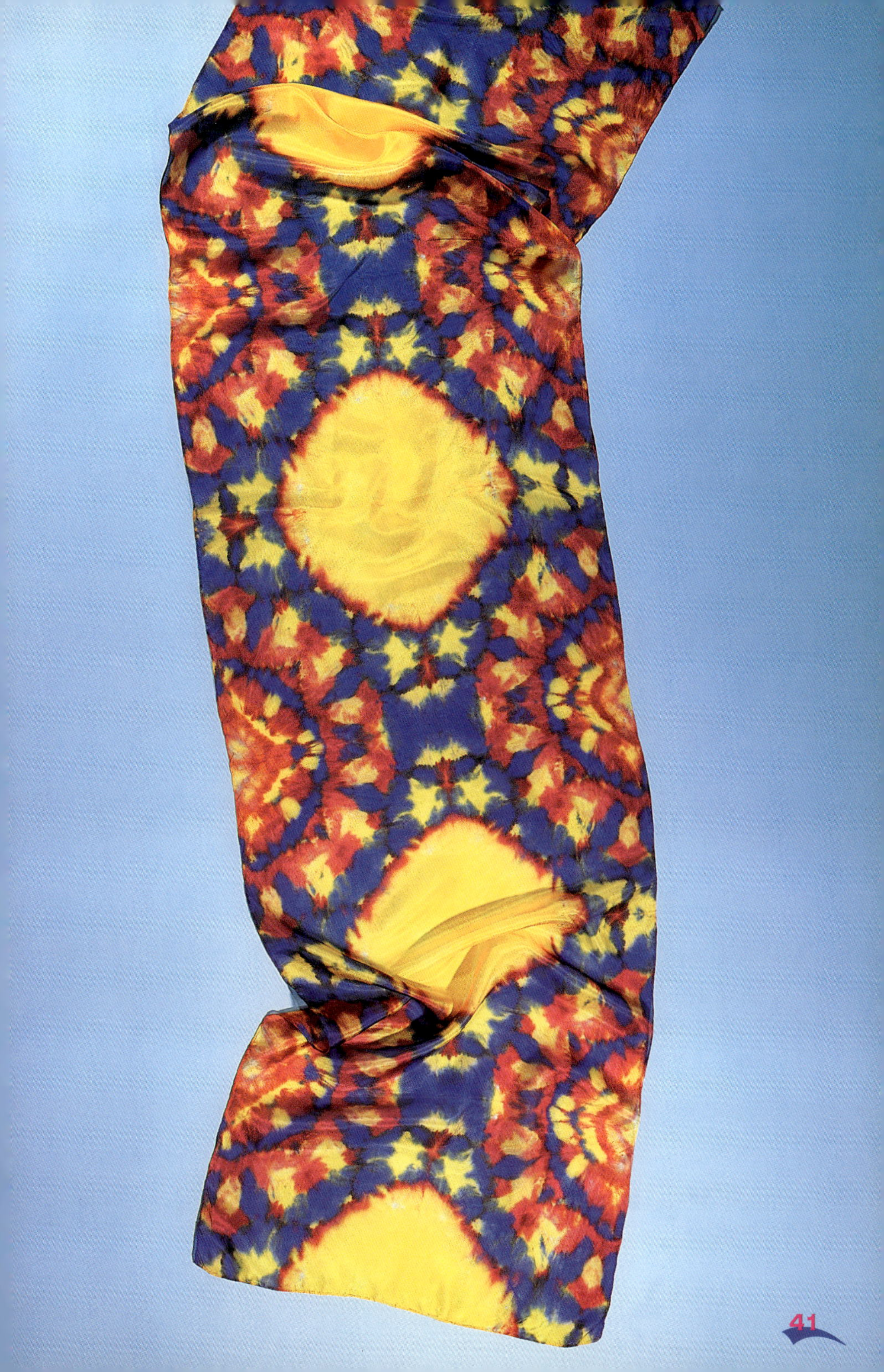

VIER DIAGONALE QUADRATE

Die Faltung des Schals wurde hier etwas zu weit außen angesetzt, dadurch fehlen die Ecken der Quadrate. Dies ist nicht unbedingt ein Fehler, denn das Ergebnis ist hübsch geworden.

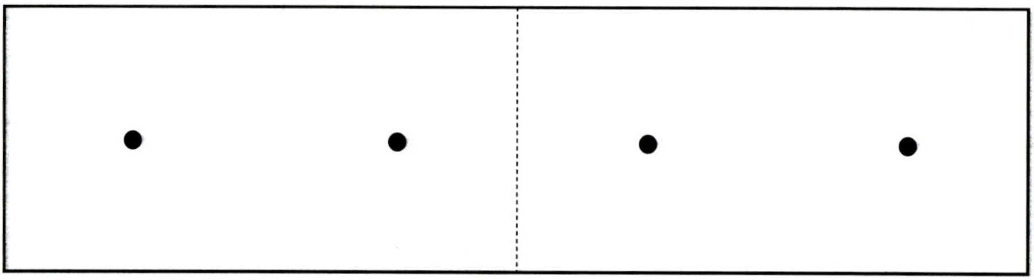

1

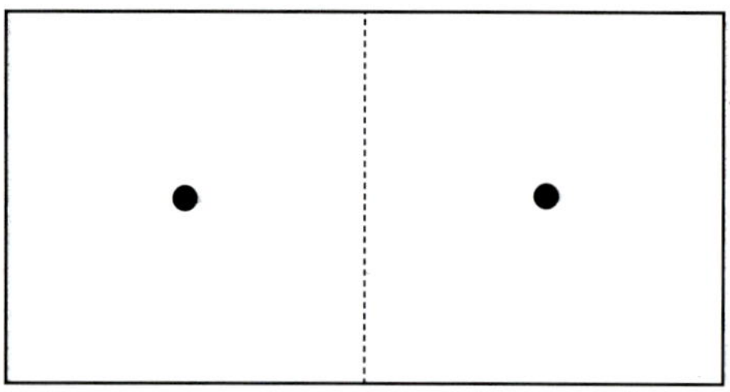

2

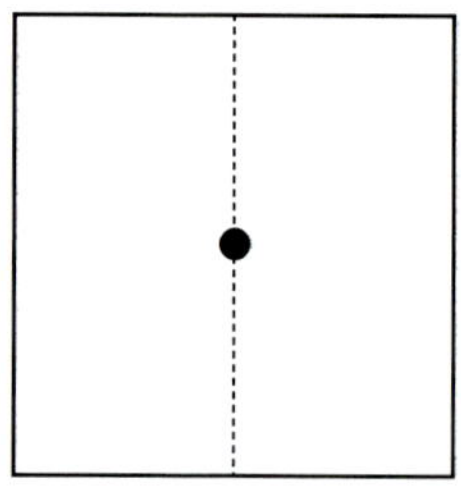

3

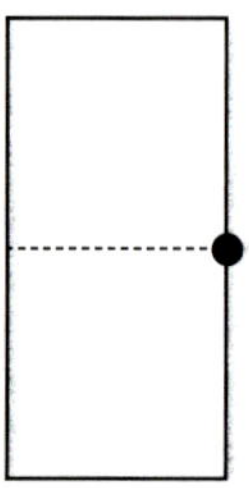

4

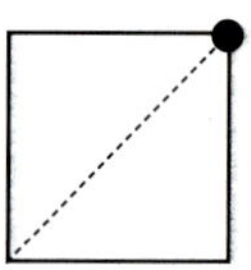

5

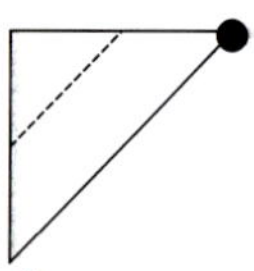

6

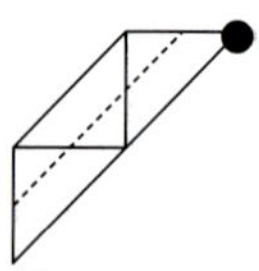

7

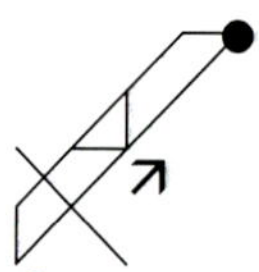

8

Der Schal wird nun wie auf Seite 8 bis 13 beschrieben gefaltet, geknotet, gefärbt und fixiert.

HALBE QUADRATE IN ZICKZACKFÖRMIGER ANORDNUNG

Eine ausgefallene Farbkombination mit interessanter Wirkung in Lila, Braun, Gelb und Himmelblau.

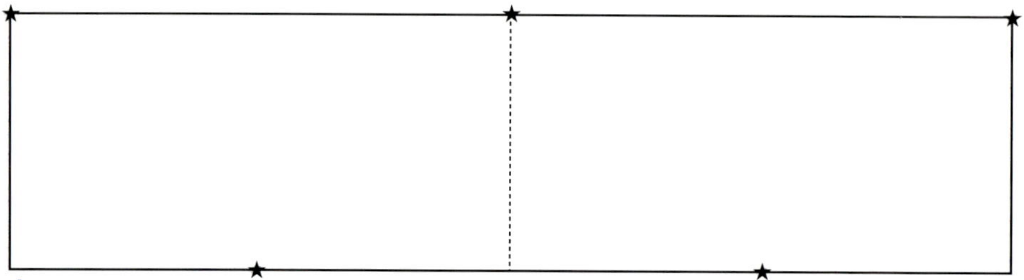

1

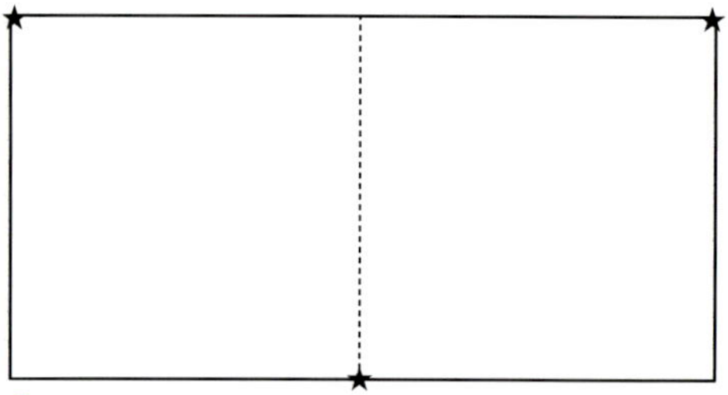

2

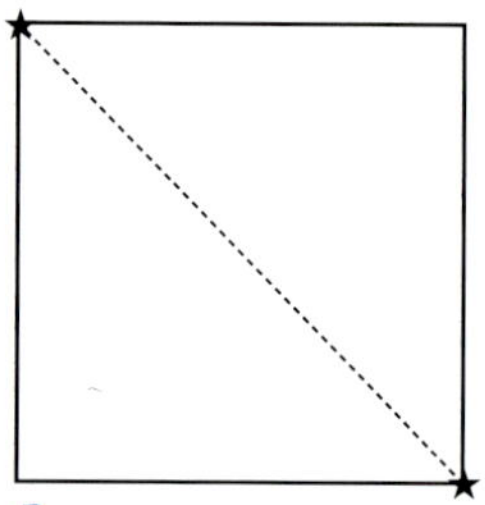

3

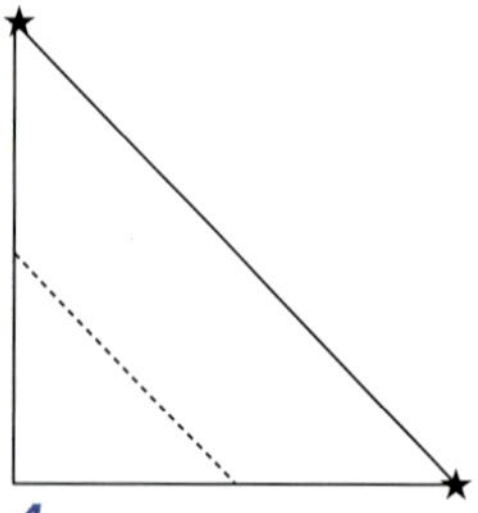

4

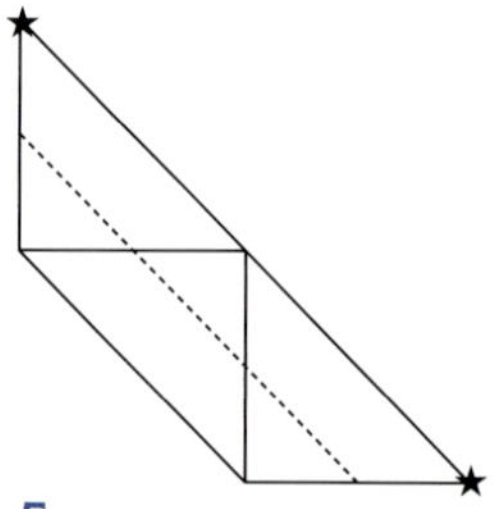

5

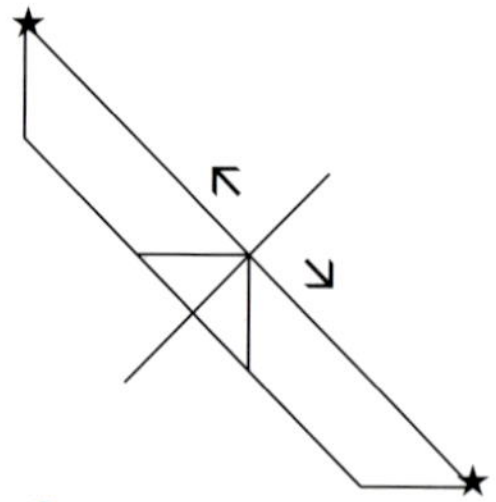

6

Der Schal wird nun wie auf Seite 8 bis 13 beschrieben gefaltet, geknotet, gefärbt und fixiert.

HALBKREISE IN VERSETZTER ANORDNUNG

Bei diesem Schal sind wunderschöne halbe Mandalas entstanden.

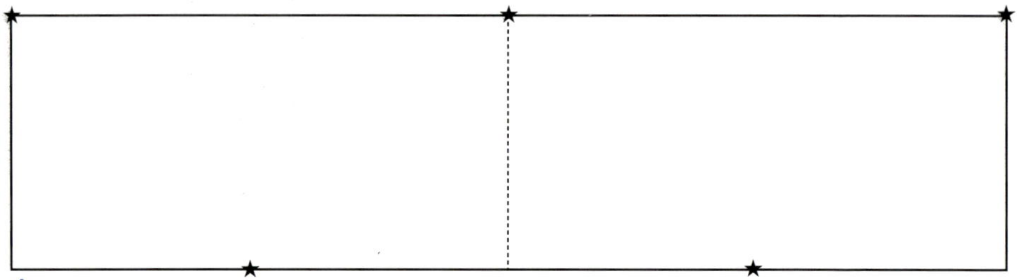

1

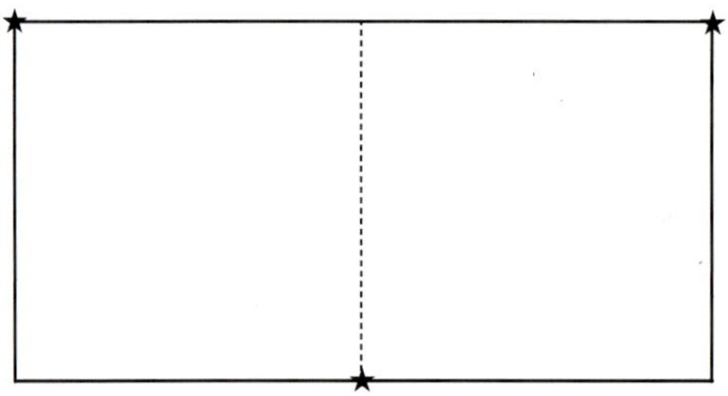

2

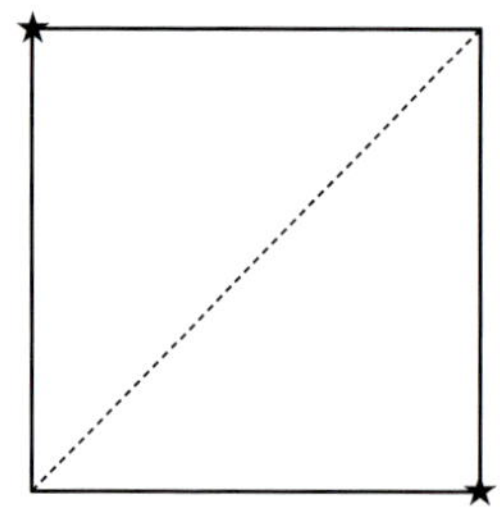

3

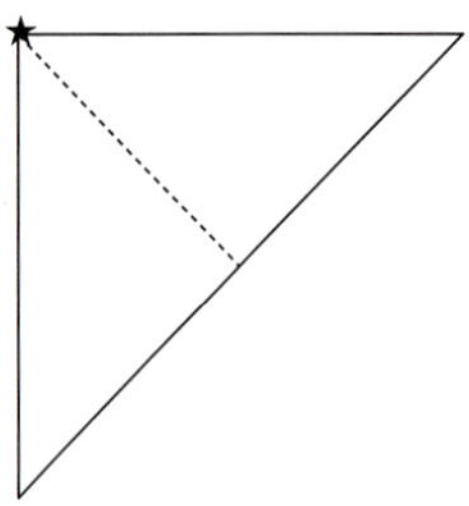

4

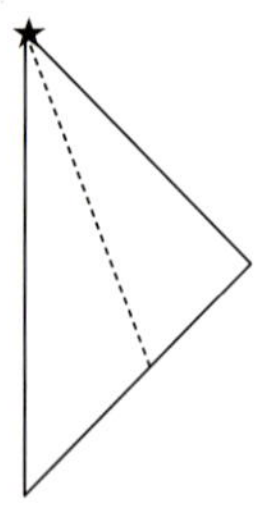

5

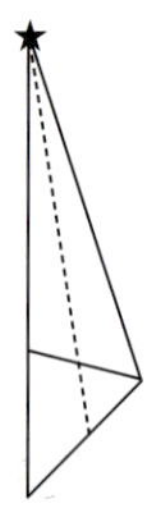

6

7

Der Schal wird nun wie auf Seite 8 bis 13 beschrieben gefaltet, geknotet, gefärbt und fixiert.

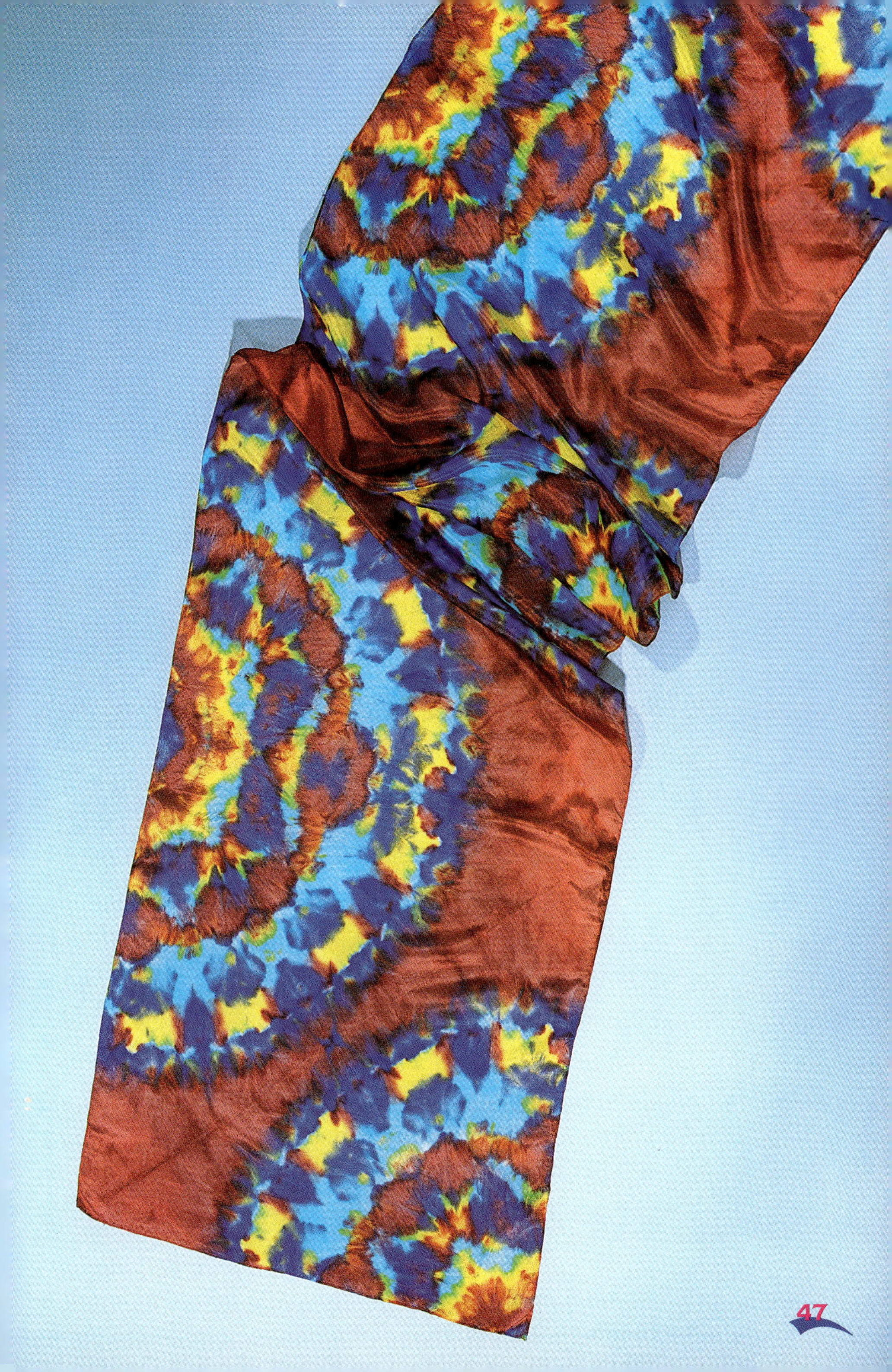

ZUR SEIDENMALEREI SIND IM FRECHVERLAG ZAHLREICHE KREATIV-BÜCHER ERSCHIENEN. HIER EINE AUSWAHL:

TOPP 2318

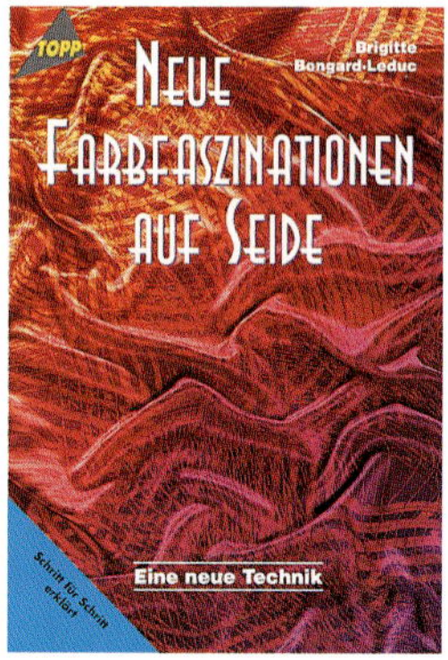

TOPP 2208

TOPP 2259

TOPP 2392

TOPP 2179

TOPP 2396

TOPP 2393

TOPP 2263

TOPP 2283